黄荣华 (Eva Wong) 女士

　　亚洲企业教练学宗师。澳大利亚新英格兰大学咨询硕士。人本教练研究中心创始人，公益活动"成长心连心"创办人。著有《人本教练模式》及配套系列效率手册、《凡尘中开悟》等。

梁立邦 (Lawrence) 先生

　　亚洲企业教练学宗师。拥有文学学士、企业管理硕士及心理咨询硕士学位，目前为人本教练研究中心教练。著有《人本教练模式》及配套系列效率手册、《懒猪不二》，翻译作品《教练技术：教练学演变全鉴》。

九点领导力的训练是一个心态调适的过程，是一个内心的旅程，这个旅程可能不是一帆风顺的。

　　当你有任何需要时，可到我们的网站寻求传承教练的帮助。

　　我们的网址：**www.rencoaching.com**。

人本教练模式系列效率手册

付出

九点领导力

黄荣华　梁立邦　著

浙江工商大学出版社
ZHEJIANG GONGSHANG UNIVERSITY PRESS

·杭州·

图书在版编目（CIP）数据

付出 / 黄荣华，梁立邦著 . — 杭州：浙江工商大
学出版社，2021.5
（人本教练模式系列效率手册）
ISBN 978-7-5178-4299-6

Ⅰ.①付… Ⅱ.①黄… ②梁… Ⅲ.①成功心理—通
俗读物 Ⅳ.① B848.4-49

中国版本图书馆 CIP 数据核字（2021）第 022091 号

付出
FUCHU

黄荣华　梁立邦 著

责任编辑　　徐　凌
封面设计　　亢莹莹
责任印刷　　包建辉
出版发行　　浙江工商大学出版社
　　　　　　（杭州市教工路 198 号　邮政编码 310012）
　　　　　　（E-mail: zjgsupress@163.com）
　　　　　　（网址：http://www.zjgsupress.com）
　　　　　　电话：0571-88904980　88831806（传真）
排　　版　　程海林
印　　刷　　天津市祥丰印务有限公司
开　　本　　880mm×1230mm　1/32
印　　张　　5.75
字　　数　　101 千
版 印 次　　2021 年 5 月第 1 版　2021 年 5 月第 1 次印刷
书　　号　　ISBN 978-7-5178-4299-6
定　　价　　48.00 元

目 录

第三部分

总结补充

第一部分

理论介绍

付出力四步曲

祝贺你选择了这本《付出》，这表明你已迈出了释放付出力的第一步。接下来，简单地说，只需四步，三个月后，你会发现，你的这种与生俱来的付出力将得以完全发挥！

>>> **第一步** 选择本效率手册

你已完成了！

>>> **第二步** 付出力测试

你可登录人本教练研究中心网站(www.rencoaching.com)，测试你付出力的运用情况，根据测试报告来设定、检视及修正自己的目标和行动计划。

>>> 第三步 按部就班

跟随效率手册的进度，就能掌握付出力，令你脱胎换骨，踏入人生的另一阶段。

>>> 第四步 成功总结

恭喜你，又有了一次人生成功的体验！这是成功的一刻、开心的一刻，你的心里一定有很多感受，把它写下来，然后，尽情地享受这美妙的时光吧！

● 重要建议

　　"人本教练模式系列效率手册"共有九本，根据人本教练模式的理论，九点领导力的起点是激情，有了激情，然后做承诺，采取负责任的态度，欣赏身边的一切，心甘情愿地付出，信任他人，开创共赢的局面。这些过程会为你增添更大的激情，从而感召到更多的人参与，创造更多的可能性（详情请见《人本教练模式》一书）。你可以按照此顺序进行领导力训练。请于同时期至少使用三个不同领导力的效率手册。

　　九点领导力训练是一个心态调适的过程，是一段内心的旅程，这段旅程可能不是一帆风顺的，当你有任何需要时，可到我们的网站寻求尊贵传承教练的帮助，我们的网址是：www.rencoaching.com。

付出能力应用篇

　　教练是一门通过完善心智模式、调适心态来发挥潜能、提升效率的管理技术。通过调适信念和心态，在过程中寻找自己的答案，拟订行动计划，创造出符合目标的未来。教练的作用发挥在调适阶段，教练是调适的有效工具（详情请参考《人本教练模式》一书，北京联合出版公司 2017 年版）。

关于付出 02

人本教练模式

付出是一种为对方考虑的真心，是一种开放的心态。索取心态的封闭性表现在三个方面：第一，做任何事的出发点是满足"我"的需要，对方提供的满足稍有欠缺，就开始指责和埋怨对方；第二，"我"的需要永不停止，哪怕得到了很多，依然觉得不够；第三，"我"有能量，但是不愿意拿出来，即使拿出来，也必须先清楚"我将得到什么"。

索取的焦点是自己，是"你能给我做什么"的思考模式，认为对方所有的努力都应该为了"我"。付出的思考起点是"他人"，凡事为别人考虑，善于成就他人，付出不一定是拿出什么物质上的东西。索取是把"我"放在中心，付出是把"你"放在中心，无论人们是否做事，或者做了什么事，心态

在"你"，就是付出；心态在"我"，就是索取。社会心理学中，巴特森（Batson）等人认为利他行为是出于同理心，同理心就是对别人的痛苦感同身受，正因为自己了解别人的痛苦，才会去帮助别人，并做出利他行为。这与人本教练模式相同，因为付出的重点是为了别人，而不是为了自己。

人们付出的深层原因是隐含得很深的自私。人们在付出的时候获得了心中的喜悦，这是付出的出发点。付出的焦点在对方，其表现形式是"尤我"。

自　私

《道德经》中写道："是以圣人后其身而身先，外其身而身存。非以其无私邪？故能成其私。"无私就是付出。然而，老子每讲一个无私，都会推衍出相应的自私，无私的目的对应着相应的自私，最后归纳出所有的付出还是得回到自私的目的上来。

自私是人的本性。圣人的无私付出，起初没有想到会成就自己的私心，但最后自己的私心却成为推动付出的力量。人本教练模式中提到，常人的自私是出于对物质的需求，这是"小私"，而圣人的自私是出于对精神的需求，这是"大私"。

在精神需求上，人本主义心理学大师亚伯拉罕·马斯洛（Abraham Maslow）晚年扩充其"自我实现"的理论，提出了比"自我实现"更高的需求，就是"超越性"的需求。这也可以说是一种超越个人与灵性的需求，因为马斯洛认为"自我实现"的需求太流于现实世界，很容易形成自我中心，所以马斯洛提出"超越性"的需求，而且认为"超越性"是人的本质

的一部分。

因此，我们真正的需求就是马斯洛提到的那些"比我们更大的东西"。分析心理学大师卡尔·荣格（Carl Jung）临终时，了解到超脱永恒的幸福感——"万物与我合而为一"的感觉，荣格认为潜意识是不受时空限制的，因为我们的潜意识是由我们的祖先代代相传下来的。所以，我们潜意识的生命是无限的，潜意识有着一个由古迄今的"共时性"。

因此，超脱现实世界的需求就是我们精神上真正的需求。这就如人本教练模式里的"大私"，它是超脱的，与一般物质上的自私是两个层次的需要。人本教练模式希望我们追求的"大私"，与马斯洛所说的"比我们更大的东西"类似。

人活着肯定有自己的目标和想法，获取目标、实现想法的方式有两种：一种是依靠自私的方法得到，不择手段，唯我为先；一种是凭借无私的付出得到，成全他人，利人利己。

尽管最终的结果都是"成其私"，但过程却不一样，带给别人的感觉也不一样，达到的境界自然也不一样。心理学家艾里希·弗洛姆（Erich Fromm）在《爱的艺术》一书中提出，很多人只是希望被爱，而不肯付出爱，就像很多男人希望以自己的成就来换取爱，但他们并不愿意付出自己的爱去换取别人的爱。弗洛姆认为，只有付出了爱才可以换取爱，不先付出是无法得到爱的。

　　很多人不明白这个道理，不肯付出自己的爱，结果就是他们得不到真正的爱，弗洛姆和人本教练模式都认为，要得到爱就必须先付出，得到爱是为了自己的"大私"。

喜　悦

付出的形式有很多种，付出的对象各有不同。对下属的关心是领导者培养人才的付出，资助失学儿童是人们慈善之心的付出，身先士卒是领军人树立典范的付出。

尽管付出的内容和形式千差万别，但有 点是相通的，那就是人在付出的时刻是开心的，内心是充满喜悦的。因为自愿和主动，付出的人内心洋溢着喜悦，把焦点放在对方的身上，每当看到对方有些许进步，他们都会喜不自胜。

心理学家维克多·法兰克（Viktor Frankl）说："人们最终所要求的并不是幸福生活本身，而是某种构成幸福生活的因素。"付出所产生的作用是成全别人，为自己带来喜悦，付出赋予人幸福和快乐。而人本教练模式中所提到的喜悦，便是一种付出者与接受者内心都能感到喜悦的结果。

无　我

　　付出不会计较自己的得失，付出也不会要求物质上的回报。付出是"无我"的，一旦"有我"，那就不是付出，而是索取。付出不能将付出本身作为条件，不能以此去兑换他人的情感和财物。否则，付出便是假的，其实质就是索取。

　　付出的直接收获是精神上的愉悦。在人本心理学中，卡尔·罗杰斯（Carl Rogers）提出了"无条件正向尊重"理论，他认为"同理心"就是达到无条件正向尊重的重要技巧之一。同理心就是从当事人的角度去设身处地感受当事人的情感，不是从自己的角度去理解别人，也不是将自己的观点施加于别人身上。同理心正如人本教练模式所讲的无我，它是不计较自己的得失，完全设身处地为别人设想。

　　"无我"并不是否定我的存在，相反，它有两个重要的前提：第一，我是重要的，因为我重要，所以有能力付出；第二，我是足够的、满足的。与此相反，索取是源于"我是不足的"的心态。有了这两个前提，才出现了"无我"的表现：你

是最重要的。

　　付出的程度决定于"大我"的宽度，"大我"有多大，付出覆盖的面积就相应地有多大；付出的效率取决于舍弃"小我"的速度，"小我"消失得越快，付出的行动就越多，产生的效率就越高。付出是人类带给别人和自己的最大礼物，领导者在付出中体会到的，不仅是团队的生机与活力，还有一份做人的快感和满足。

行前测试 03

现在，请你先登入 www.rencoaching.com 完成自我测量表。

自我测量表指引（网上测试）

第一次测试在使用效率手册之前，建议你现在就用不多于十分钟的时间去测试，第二次测试在三个月后你成功的那一天。

需要提醒你的是：最佳的测试效果需要依靠你的直觉，请跟随你的直觉答题而不是分析或他人的引导，只有你最了解你自己。

付出——感召他人付出

感召是激发他人的理想，在人本教练模式中，付出也可以是一种感召，因为付出也有着强大的理想，而且付出者在付出的时候是喜悦的。

你有没有想过，自己可以有一个强大的理想呢？正因为你为了自己的理想而不计结果地付出，所以会在付出时展现出强烈的感染力，在无形中感召其他人，使其他人也心存喜悦。特蕾莎修女正是以付出感召他人的典型。

特蕾莎修女在1979年获得诺贝尔和平奖。她的一生都在对世界付出，她把爱、希望及欢乐带给生活艰难的人。她为了救助万民，离开所属教会，放弃校长的职位，只身前往印度加尔各答的贫民窟，成立了仁爱传教修女会。她穿上平民的衣服，过着最艰苦的生活，照顾最贫穷的人与被遗弃的麻风病人。特蕾莎修女身体力行，一生过着极简朴的生活。她见证了人性的美善和希望，弘扬了施比受更有福的道理。

我们可以看到，特蕾莎修女的付出包含了所有与付出有关的元素。特蕾莎修女的付出是为了成就大众，这就是她自我的私心，是为"大私"。特蕾莎修女做到了完全无我地付出，她帮助他人，全力帮助麻风病人而不怕被传染。我们可以看到，她付出时并不存在"我"，她的付出是真正的无我。

特蕾莎修女付出的背后存在着强大的理想，加上她的身体力行，使人们感受到了她本身强大的感召力，促使更多人加入她的行列，使仁爱传教修女会得以发展，让更多印度的贫民得到帮助。

由特蕾莎修女的例子我们可以看到，付出本身存在着强大的感召力，使更多的人愿意帮助他人，这能让世界变得更和谐，更美好。当你完全付出时，别人就会感受到，而这种感染力也会在无形中延伸下去，形成更强的感染力去影响他人。

本手册以下的练习将会开发你付出的能力，让你可以延伸这种神奇的感染力。

人们付出的深层原因是隐含很深的自私。人们付出的时候，心中洋溢着喜悦，这是付出的出发点。付出的焦点在对方，其表现形式是无我。

你曾付出过吗？或是你只为心爱的人付出？还是你对心爱的人也没有付出？朋友，你害怕付出吗？

过往付出的历程

请写下你认为过去自己付出最多的事情。

··
··
··
··
··
··
··

请记下过去你曾为别人（如家人、朋友等）付出的事情。

例如：家人（我、妈妈）为爸爸筹备生日会。

家人（　　　　　）：＿＿＿＿＿＿＿＿＿＿＿＿＿＿＿＿

朋友（　　　　　）：＿＿＿＿＿＿＿＿＿＿＿＿＿＿＿＿

同事（　　　　　）：＿＿＿＿＿＿＿＿＿＿＿＿＿＿＿＿

其他（　　　）：_____

　　请写下一些过去你曾付出，却换来失望、抱怨和责备的事情。

请写下一些过去你曾付出并换来赞赏的事情。

经过以上的检视，你有没有留意到你的付出是有条件的？相信你曾经的付出，大多是为了换取别人的赞赏。你有没有想过付出是一种为对方考虑的真心，是一种开放的心态？而索取是一种事事为我的封闭的心态。

教练认为出现这些状况，是因为人们并没有真正了解付出的意义。我们通常为与自己有关系的人付出，甚少为陌生人付出。你可能会说："我也会为陌生人付出。"但你真的这样认为吗？如果你不相信，请你留意下表，看看你愿意为多少人付出，以及你愿意为他们付出的原因。

请列出 10 位你愿意为他们付出的人	请列出你愿意付出的原因
1	1
2	2
3	3
4	4
5	5
6	6
7	7
8	8
9	9
10	10

请列出 10 位你不愿意为他们付出的人	请列出你不愿意付出的原因
1	1
2	2
3	3
4	4
5	5
6	6
7	7
8	8
9	9
10	10

请你对 10 位你愿意为他们付出的人做出区分，区分出哪些是你认识的，哪些是你不认识的。

请把人数以柱状图标示出来。

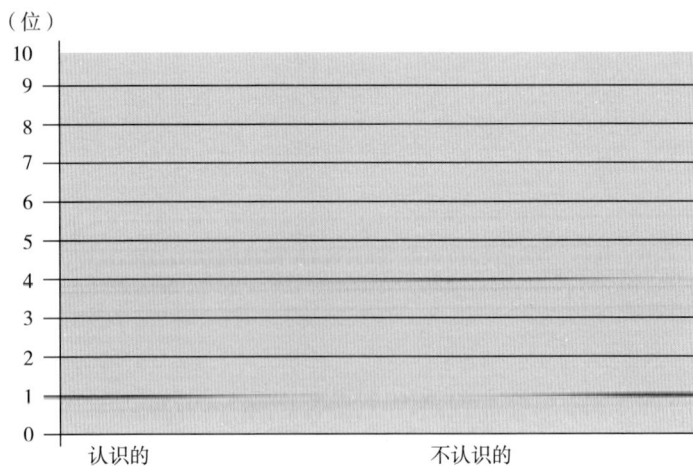

（位）

| 10 |
| 9 |
| 8 |
| 7 |
| 6 |
| 5 |
| 4 |
| 3 |
| 2 |
| 1 |
| 0 |

认识的　　　　　　　　不认识的

请你对 10 位你不愿意为他们付出的人做出区分，区分出哪些是你认识的，哪些是你不认识的。

请把人数以柱状图标示出来。

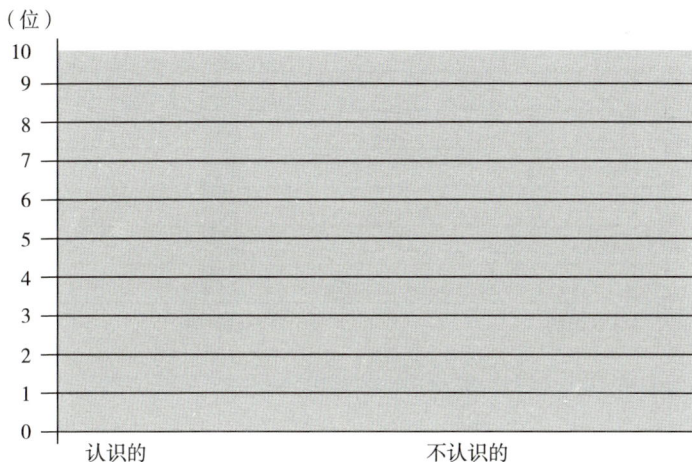

（位）

完成以上练习后，相信你已清楚你愿意为哪些人付出。你是不是只愿为那些你认识的人付出呢？你是不是不愿为那些你不认识的人付出呢？你有想象过有些人的答案是不一样的吗？

一些受人敬仰的人物，他们的答案跟一般人不同。你听过印度圣雄甘地的事迹吗？如果甘地做以上练习，你觉得答案会变成怎样？相信他的答案会如下图：

10 位甘地愿意为他们付出的人：

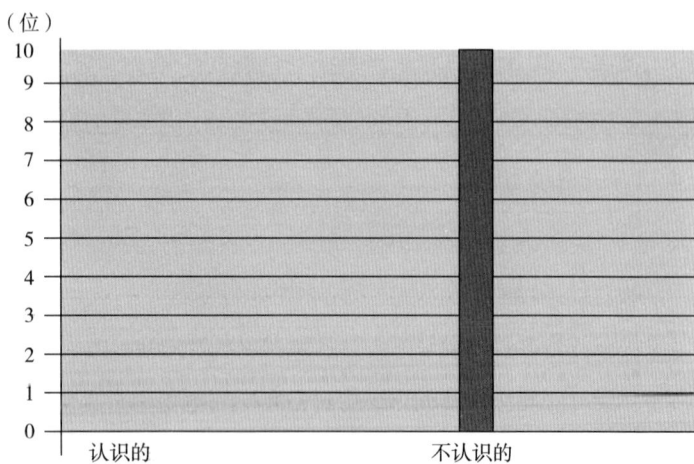

（位）

	认识的	不认识的

10位甘地不愿意为他们付出的人：

（位）

	认识的	不认识的

甘地一生为祖国印度无私地付出，他为那些跟他素未谋面的人民付出，没有一点保留，至死无悔。对于甘地，你有什么感受？有人说："人不为己，天诛地灭。"你认同这句话吗？这句话表明，你为别人付出时，总会希望得到回报。如果你认同这句话，付出对你来说是一种交易。你希望过这样的人生吗？

第二部分

具体操作

自 私 01

第一次检视

何谓自私

练习（一）

练习（二）

练习（三）

练习（四）

检视——为公众的"大私"

进度检视

当你完成本部分的练习后，你将会学到：

为"大私"付出

自私于无形、自私于精神需求

"大私"于大众

第一次检视

这是第一次测试，请你在完成自私部分练习后再度来到此页完成检视。

1. 当我付出时，我是为了：
   - ☐ 得到实质回报
   - ☐ 为了别人的福祉
   - ☐ 没有任何原因
   - ☐ 其他

2. 见到一个老婆婆跌倒时，我会：
   - ☐ 立刻扶她一把，及时呼叫救护车，这个付出是因为别人的需要
   - ☐ 扶她一把，因为我希望得到别人的赞赏
   - ☐ 我不会帮助她，因为其他人也会帮助她
   - ☐ 其他

3. 我会因为什么而付出？

    ☐ 别人的需要

    ☐ 我的理想是拯救苍生

    ☐ 别人的赞许

    ☐ 得到更多

    ☐ 父母或老师的教导

    ☐ 这是我的生存动力

    ☐ 其他

何谓自私

  根据人本教练模式，自私分为"大私"和"小私"两种。正如爱情一样，双方共同拥有幸福的感受和生活，这就是爱情的"大私"。比如革命先烈，为了使中国免受列强侵略，使民族得到拯救，献身革命。他们的"大私"是和平、平等这些远大的理想。

  "小私"主要考虑自己，追求利益最大化，比较短视，只想着自己能得到什么现实利益。每做一件善事，便要大肆宣扬一番，为自己的前途大造声势，求取虚名。

练习（一）

请回想你过去的经历，写出哪些事是基于"小私"，哪些是基于"大私"。做这些事情时，你在想什么？

事件1：

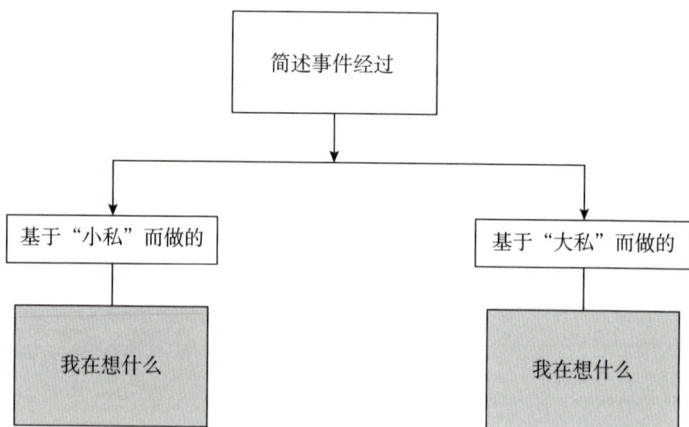

事件2：

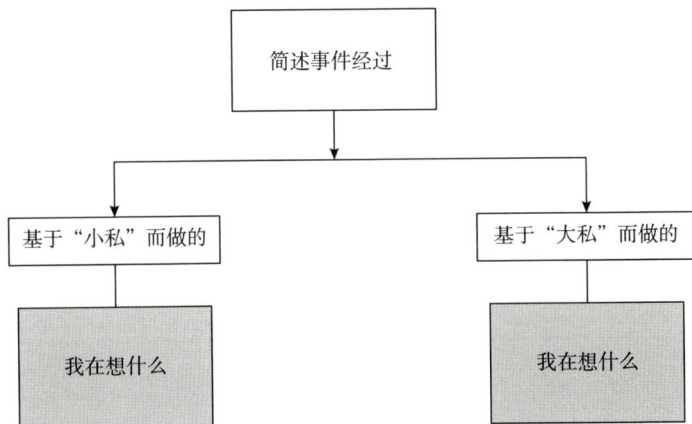

当你基于"小私"做事和基于"大私"做事时，你的想法有什么不同？

当你想象自己所做的事情能为别人带来快乐时，你的感觉
如何？

当你基于"大私"而做事时，你认为别人在想什么？

你甘于一生基于"小私"而做事吗？你希望过怎样的生活？

请对上题的行为做一个简单的统计，看看有多少事是基于"小私"而做，有多少事是基于"大私"而做。请把数字用柱状图的形式记录下来。

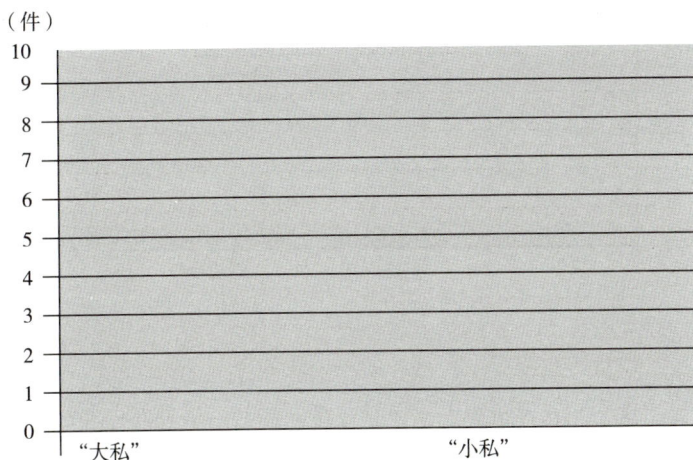

（件）

10	
9	
8	
7	
6	
5	
4	
3	
2	
1	
0	

"大私"　　　　　　　　　　"小私"

当你基于"小私"做事时，有多少件事是快乐的？有多少件事是不快乐的？请把数字用柱状图的形式记录下来。

（件）

```
10
9
8
7
6
5
4
3
2
1
0
     快乐                    不快乐
```

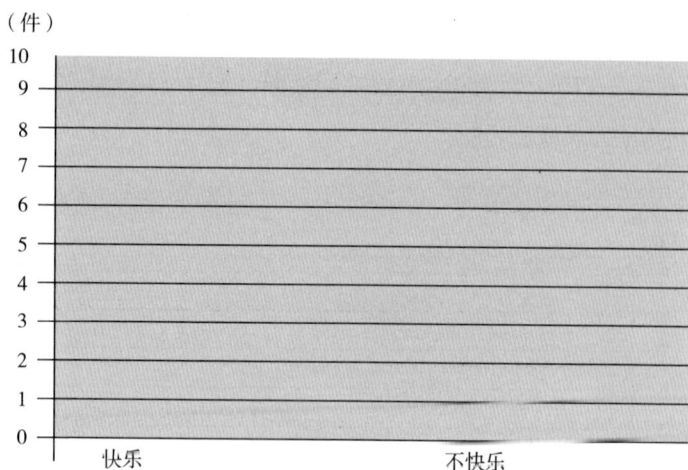

你有没有想过，你付出是为了什么？

这个问题对很多人来说是很难回答的。但若你仔细想想，就会发现日常生活中实际上已存在着许多"大私"行为。例如：生活中两性之间的流行语是"我爱你"。"我爱你"是一种付出，那么里面有没有自私的成份呢？"我爱你"的潜台词是"我爱你，是想你只爱我一个人"。此时是"小私"。如果你是为了双方共同拥有幸福的感受和生活，那就是爱情上的"大私"。只有双方都成为对方唯一的至爱，爱情才能长久。

你想知道你的付出是基于"小私"还是基于"大私"吗？

请检视自己本周内所做的事情，留意自己的言行，看看哪些付出是基于"小私"，哪些付出是基于"大私"。

练习（二）

第一周

　　你在本周内做了哪些基于"小私"的事情？从哪些言行上可以看到？

....

....

....

....

....

....

....

....

你在本周内做了哪些基于"大私"的事？从哪些言行上可以看到？

你做完这些事情后的感觉是：

你可以从下表中选取和你心情相吻合的形容词，如果在下表中找不到合适的形容词，你可以在空白处填上最能反映你心情的词汇。

□兴高采烈	□渴望	□全神贯注	
□无所畏惧	□自信	□欣喜若狂	
□欢乐	□无忧无虑	□骄傲	
□平静	□沮丧	□受伤	
□心情愉快	□尴尬	□闷闷不乐	
□轻松自在	□情绪低落	□宁静	
□失望	□生气	□挫败	
□不满	□绝望	□心痛	

第一周小结

　　经过一周的反思，相信你已了解了自己平日做事的习惯。你清楚自己平日所做的事情，有多少是为了"小私"，有多少是为了"大私"。你也了解到了自己的感受。人生在世，你一定有自己的想法和目标，而达成目标的初心有两种：一种是以"小私"为出发点，为达到目标而不择手段；另一种是从"大私"的角度出发，以服务他人、社会和团队为人生目标。你的人生会因此变得不一样，带给别人和社会的感觉会不一样，个人境界也会不一样。

　　请你对过去一周做过的事情进行总结，哪些是基于"小私"而做的，哪些是基于"大私"而做的，以百分比计算，按照下图的形式，以柱状图将结果记录下来。例如：

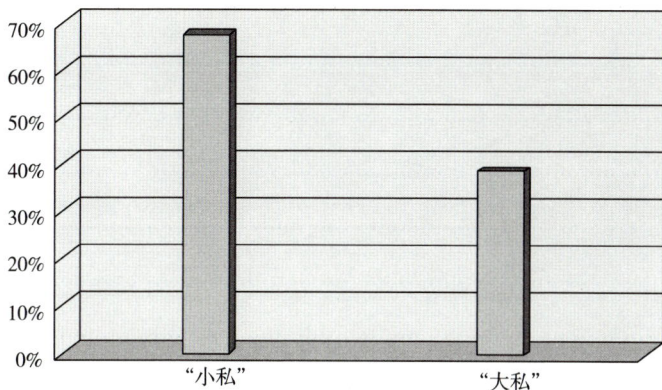

你过去一周的总结：

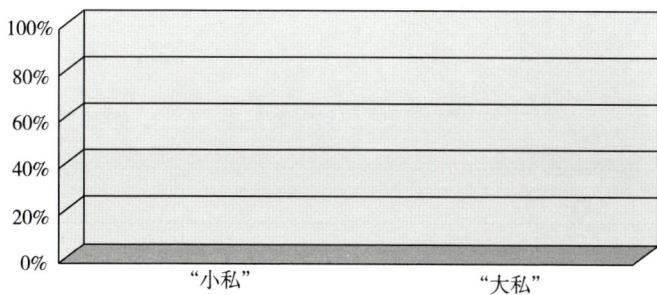

你希望自己的人生只是基于"小私"而活吗？你觉得你的"小私"和"大私"如何才能取得平衡？请详细列出你的想法。

你希望自己为别人和社会带来什么影响？

你如何将想法付诸实行？请把你的计划写下来：

练习（三）

在总结完过去的一周后，你已得到新的刺激。未来的一周，你想要什么新的体会？你如何在第二周取得不同的体验？

第二周

你在本周内做了哪些基于"小私"的事情？从哪些言行上可以看到？

....

....

....

....

....

你在本周内做了哪些基于"大私"的事情？从哪些言行上可以看到？

你做完这些事情后的感觉是:

你可以从下表中选取和你心情相吻合的形容词，如果在下表中找不到合适的形容词，你可以在空白处填上最能反映你心情的词汇。

☐ 兴高采烈	☐ 渴望	☐ 全神贯注	
☐ 无所畏惧	☐ 自信	☐ 欣喜若狂	
☐ 欢乐	☐ 无忧无虑	☐ 骄傲	
☐ 平静	☐ 沮丧	☐ 受伤	
☐ 心情愉快	☐ 尴尬	☐ 闷闷不乐	
☐ 轻松自在	☐ 情绪低落	☐ 宁静	
☐ 失望	☐ 生气	☐ 挫败	
☐ 不满	☐ 绝望	☐ 心痛	

第二周总结

请你总结过去的一周，哪些事是基于"小私"而做，哪些事是基于"大私"而做，以百分比计算，并以柱状图的形式将结果记录下来。

你过去一周的总结：

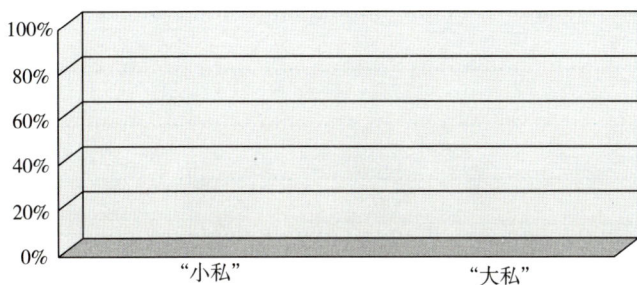

你基于"小私"做事时的感觉怎样？请详细描述一下。

你基于"大私"做事时的感觉怎样？请详细描述一下。

你基于"小私"做事时，你认为别人的感觉怎样？

你基于"大私"做事时，你认为别人的感觉怎样？

请你闭上眼睛，回想你基于"大私"做事的感觉。谨记这份感觉，以后每逢想基于"小私"做事时，请你回想这份感觉。

练习（四）

为公众的"大私"

经过两周的练习，相信你已经可以区分"小私"和"大私"，并在日常生活中基于你的"大私"付出。

以下练习将会让你基于"大私"服务公众，让你的"大私"在公众服务中体现出来。

请你在本周内为公众服务。

你将会如何服务大众？

例如：我会在这几天帮助老人家，为老人家筹备一项户外活动。

这几天，你会为哪些人付出？

你可否周全地计划当天的行动计划呢?

例如：计划一下地点、时间、所需的物资、联络方式等。

....

....

....

....

....

....

....

....

....

....

....

你预计自己这次的付出能有多少人受惠? _____ 人。

请你在完成本练习后进行以下检视。

检视——为公众的"大私"

你这次活动的体验是什么？

....

....

....

....

....

....

....

....

....

....

你也可利用图画表达在这次活动中的感受。

请写出你在这次活动中最难忘的经历。

被你帮助的人有什么反应？请详细描述一下。

在这次活动中，你有什么收获?

在这次活动中，你的付出是基于"大私"还是"小私"呢?

你是否感召其他人一起去筹办这次活动？

□ 是

□ 否

如果答案是"是"，你是如何感召其他人的呢？

你与其他人一起付出时，这些人是什么反应呢？

你会继续筹办类似的活动吗？

☐ 会

☐ 不会

　　恭喜你，相信你已经能够真正基于"大私"去付出，在未来的日子里，希望你可以继续为公众付出。

进度检视

　　恭喜你，你已经完成了"自私"部分的练习，现在，请你检视以下有关"自私"的达成度情况（请选出符合你的情况的选项，并用圆圈圈出）。

　　1.基于"大私"付出。

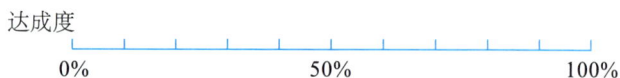

达成度
```
0%              50%            100%
```

　　2.自私于无形、自私于精神需求。

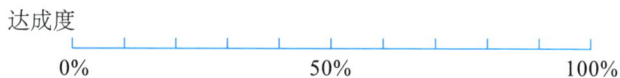

达成度
```
0%              50%            100%
```

3. "大私"于公众。

达成度

```
0%          50%          100%
```

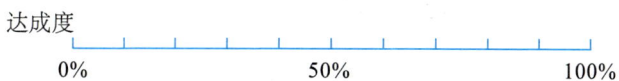

注意！别忘了返回本阶段的"第一次检视"（第 33 页）部分，完成你的检视。

02 喜 悦

当你完成本部分的练习后，你将会学到：

喜悦地付出

了解到在付出的同时会有着喜悦的心态

第一次检视

这是第一次测试，请你在完成了喜悦的练习后再度米到此页完成检视。

1. 当我付出时，我有什么感觉？

   □ 喜悦，因为在付出时我已有喜悦的感觉

   □ 不开心，因为付出意味着我失去了一些东西

   □ 没有多大的感觉，因为我的付出只是得到别人认同
   的一种手段

   □ 其他

2. 当我见到他人快乐时，我会：

   □ 没有多大关系，因为这只是他人的快乐

   □ 感到愉快，因为我快乐着别人的快乐

   □ 感到不快，我会因别人拥有我所没有的东西而不快

   □ 其他

何谓喜悦

正如一句话所说："你赚来的钱不是你的，只有你花出去的钱才是你的。"这句话告诉我们，拥有不会令你喜悦，唯有将你拥有的与别人分享，你才会感到喜悦。当你将拥有的与其他人分享，从别人身上看到他们的需要得到满足时，那份喜悦足以令你永生难忘。

付出的人内心洋溢着喜悦，因为付出是自愿和主动的。他们会把焦点放在对方身上，如果看到支持的人有些许进步，付出的人也会喜不自胜。付出所产生的作用是成全别人，满足自己，付出赋予人一种幸福和快乐的根据。所以当你看到别人因你的付出而快乐时，你也会因感受别人的快乐而快乐。

练习（一）

回想你喜悦的时候

回想你在儿时最喜悦的时刻，请从下面的表格中，选取和你最喜悦时刻有关的项目。

□ 收到礼物	□ 跟朋友玩耍	□
□ 外出游玩	□ 游泳	□
□ 生日会	□ 足球	□
□ 外出用餐	□ 跳舞	□
□ 听故事	□ 乘飞机	□
□ 买新衣服	□ 乘轮船	□
□ 考了第一名	□ 观光	□

请从上表中选取三件你最喜悦的有关付出的事情，然后记录在这些事情中，什么人的付出让你产生喜悦，又有什么人与你分享了这一份喜悦。

事件（一）

事件内容：

什么人与你分享了这份喜悦？

当你与别人分享喜悦时，你的感受是什么？

当你付出时，你有多大程度的喜悦？（1——最不喜悦，
5——最喜悦）

付出的起点是他人，是一种凡事为他人考虑、成就他人的
心态。

索取的焦点是自己，是一种"你能够给我什么"的思考
模式。

在这次事件中，有什么人向你索取？

他（她）是谁？_____

当别人向你索取时，你的心情是怎样的？

反观自己，你是否有向他人索取？

☐ 是

☐ 否

当你向别人索取时，描述一下你当时的心情。

....

....

....

....

....

....

....

....

....

....

当你索取时，你有多大程度的喜悦？（1——最不喜悦，
5——最喜悦）

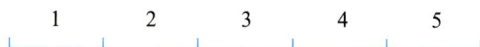

| 1 | 2 | 3 | 4 | 5 |

事件（二）

事件内容：

....

....

....

....

....

....

....

....

....

....

....

有什么人与你分享这份喜悦？

当你与别人分享喜悦时，你的感受是什么？

当你付出时，你有多大程度的喜悦？（1——最不喜悦，5——最喜悦）

付出的起点是他人，是一种凡事为他人考虑、成就他人的心态。

索取的焦点是自己，是一种"你能够给我什么"的思考模式。

在这次事件中，有什么人向你索取？

....

....

....

....

....

....

....

....

....

他（她）是谁？ _____

当别人向你索取时，你的心情是怎样的？

反观自己，你是否有向他人索取？

□ 是

□ 否

当你向别人索取时，描述一下你当时的心情。

....

....

....

....

....

....

....

....

....

....

....

....

当你索取时，你有多大程度的喜悦？（1——最不喜悦，
5——最喜悦）

```
    1       2       3       4       5
```

事件（三）

事件内容：

....

....

....

....

....

....

....

....

....

....

....

....

什么人与你分享这份喜悦？

当你与别人分享喜悦时，你的感受是什么？

当你付出时，你有多大程度的喜悦？（1——最不喜悦，
5——最喜悦）

付出的起点是他人，是一种凡事为他人考虑、成就他人的
心态。

索取的焦点是自己，是一种"你能够给我什么"的思考
模式。

在这次事件中，有什么人向你索取？

他（她）是谁？ _____

当别人向你索取时，你的心情是怎样的？

反观自己，你是否有向他人索取？

☐ 是

☐ 否

当你向别人索取时，描述一下你当时的心情。

....

....

....

....

....

....

....

....

....

....

当你索取时，你有多大程度的喜悦？（1——最不喜悦，

5——最喜悦）

1   2   3   4   5

完成以上的练习后，你有什么发现？你会发现一个事实：付出比索取更能让人喜悦。付出者看到分享者的快乐时，他们也会因为分享者的快乐而快乐，分享者也因付出者的付出而快乐。你会体会到付出者和接受者是同样喜悦的。

小时候，父母或其他长辈送礼物给你，在你喜出望外的时候，他们看到你那么快乐，也会跟你一样喜悦。当时他们并没有指望你会给他们什么回报，这是一个永恒不变的道理：付出令别人喜悦，也令付出的人喜悦。你想成为这个喜悦的源头吗？你想把喜悦延伸卜去吗？

练习（二）

现在你需要从日常生活中，找回这一份喜悦。未来的一周内，记下你曾为哪些人付出，以及当时的感受。你的付出练习对象需要是一些平常对你不太友好的人，甚至是一些你不喜欢的人。你的付出可以是送他们一份小礼物，也可以是一句简单问候。在这一周内，请你体会一下，你每天对于快乐的感受有什么不同。

他们是谁		日期	你所付出的是	他们的反应是				你的感受是
☐ 家人				☐	快乐	☐	不快乐	
				☐	快乐	☐	不快乐	
				☐	快乐	☐	不快乐	
				☐	快乐	☐	不快乐	
				☐	快乐	☐	不快乐	

他们是谁	日期	你所付出的是	他们的反应是		你的感受是
☐ 朋友			☐ 快乐	☐ 不快乐	
			☐ 快乐	☐ 不快乐	
			☐ 快乐	☐ 不快乐	
			☐ 快乐	☐ 不快乐	
			☐ 快乐	☐ 不快乐	
☐ 同事			☐ 快乐	☐ 不快乐	
			☐ 快乐	☐ 不快乐	
			☐ 快乐	☐ 不快乐	
			☐ 快乐	☐ 不快乐	
			☐ 快乐	☐ 不快乐	
☐ 其他人			☐ 快乐	☐ 不快乐	
			☐ 快乐	☐ 不快乐	
			☐ 快乐	☐ 不快乐	
			☐ 快乐	☐ 不快乐	
			☐ 快乐	☐ 不快乐	

现在请你总结，当你为家人付出时，他们有多少次的反应是快乐的，有多少次是不快乐的。请你用百分比计算，并以柱状图的形式记录下来。

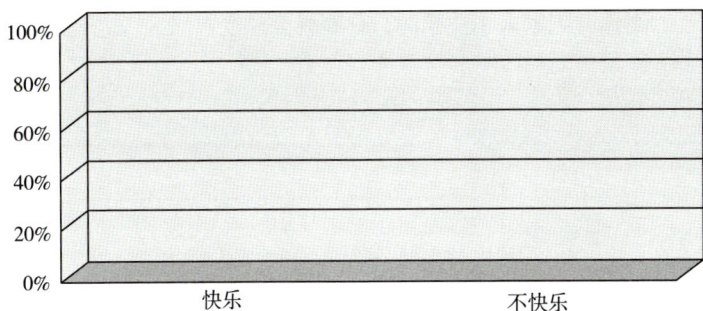

当你看到家人快乐时，你的感受是怎样的？

当你看到家人不快乐时，你有什么感受？

现在请你总结，当你为朋友付出时，他们有多少次的反应是快乐的，有多少次是不快乐的。请你用百分比计算，并以柱状图的形式记录下来。

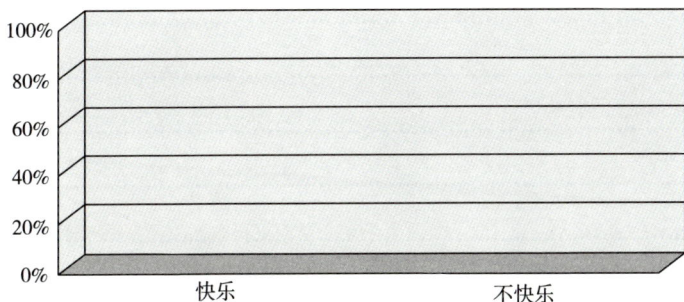

当你看到朋友快乐时，你的感受是怎样的？

....

....

....

....

....

....

....

....

....

....

当你看到朋友不快乐时，你有什么感受？

现在请你总结，当你为同事付出时，他们有多少次的反应是快乐的，有多少次是不快乐的。请你用百分比计算，并以柱状图的形式记录下来。

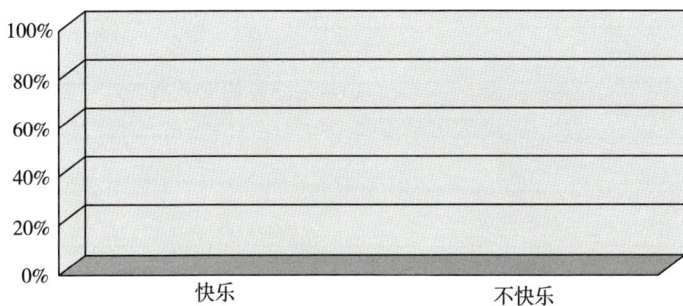

当你看到同事快乐时，你的感受是怎样的？

当你看到同事不快乐时，你有什么感受？

现在请你总结，当你为其他人付出时，他们有多少次的反应是快乐的，有多少次是不快乐的。请你用百分比计算，并以柱状图的形式记录下来。

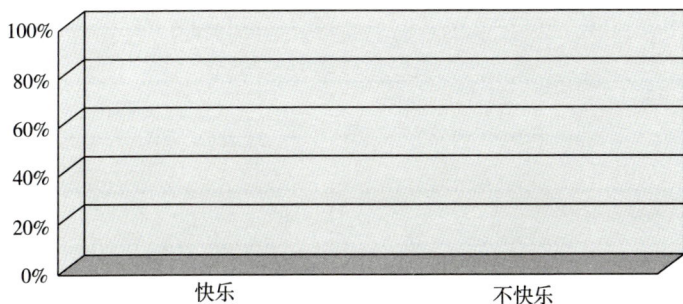

当你看到其他人快乐时，你的感受是怎样的？

当你看到其他人不快乐时，你有什么感受？

你认为怎样才能永远拥有这份喜悦?

你希望永远拥有这份喜悦吗？

□是，请详列原因：

....

....

....

....

....

....

....

□否，请详列原因：

....

....

....

....

....

....

....

....

请你写下永远拥有这份喜悦的计划。

在过去一周的练习中，相信你已经历了一些快乐与不快乐的时段，试画出本周内你的快乐程度时间线。看看你哪些时段是快乐的，哪些时段是不快乐的。

例如：

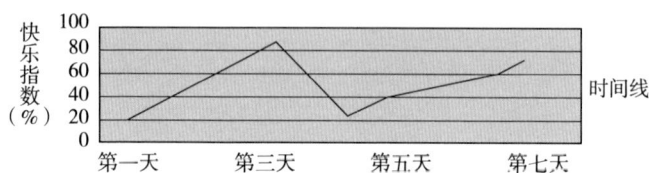

现在，请把你的时间线画出来。

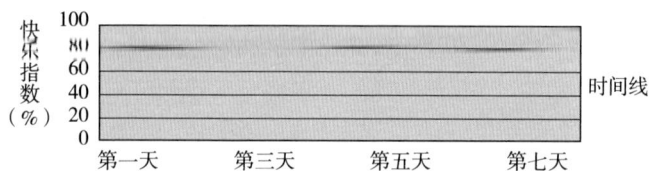

在快乐指数最高的日子里，你做了哪些事情？

在快乐指数最低的日子里，你做了哪些事情？

你认为这些喜悦与你的付出有关吗？

小　结

　　相信你已在这一周的练习中，深深体会到那份基于付出所拥有的喜悦。请你谨记这份喜悦，它能时刻提醒你，无论什么时候，付出充满喜悦。无论你拥有多少，假如你的生命中缺少付出，你的喜悦依然是不足的。

进度检视

恭喜你，你已经完成了"喜悦"部分的练习，现在，请你检视以下有关"喜悦"的达成度情况（请选出符合你的情况的选项，并用圆圈圈出）。

1.做到喜悦地付出。

达成度

0%　　　　　　　　50%　　　　　　　100%

2.了解在付出的同时也会有喜悦的心情。

达成度

0%　　　　　　　　50%　　　　　　　100%

注意！别忘了返回本阶段的"第一次检视"（第80页）部分，完成你的检视。

03 无 我

当你完成本部分的练习后，你将会学到：

付出是不计较自己的得失

为别人而付出

因为自己重要而付出

第一次检视

这是第一次测试，请你在完成了无我的练习后再度来到此页完成检视。

我会基于什么考虑而决定付出呢？
☐ 对方的地位
☐ 期望的回报
☐ 对方的需要
☐ 社会的要求

当你付出时，你是为了什么？这些因素当中，"我""对方的快乐"与"对第三者的影响"这三项因素在多大程度上影响你的付出呢？除了这三项因素外，有没有其他因素会影响你的付出呢？试着在下表中写出你付出的原因。

注意，总计的百分比必须要等于百分之百（100%）。例如"我"为 40%，"对方的快乐"为 30%，"对第三者的影响"为 30%，加起来就是 100%。

影响付出的因素	影响你付出的百分比 （0% ~ 100%）
1. "我"	
2. "对方的快乐"	
3. "对第三者的影响"	
4. 其他 1	
5. 其他 2	
6. 其他 3	
	总计：100%

何谓无我

　　"无我"并不是否定我的存在，它有两个重要的前提：第一，我是重要的，因为我重要，所以有能力付出；第二，我是足够的。"无我"是在付出时不计较自己的得失，也不要求任何物质上的回报。相反，"有我"的一个重要前提是，我是不满足的。"有我"导致你出现索取。索取的特征是我付出后，你能给我什么回报。

练 习

在以下练习中，请你记下三天内所做的事，在每一天中有多少事是为自己而做？有多少事是为别人而做？记下你的感受。

无我表一

时间	他们是谁	我今天做了什么	为谁而做				我的感受
上午			☐	自己	☐	别人	
			☐	自己	☐	别人	
			☐	自己	☐	别人	
			☐	自己	☐	别人	
			☐	自己	☐	别人	
下午			☐	自己	☐	别人	
			☐	自己	☐	别人	
			☐	自己	☐	别人	
			☐	自己	☐	别人	
			☐	自己	☐	别人	

时间	他们是谁	我今天做了什么	为谁而做		我的感受
晚上			☐ 自己	☐ 别人	
			☐ 自己	☐ 别人	
			☐ 自己	☐ 别人	
			☐ 自己	☐ 别人	
			☐ 自己	☐ 别人	
总计：为自己做事_____次， 　　　为别人做事_____次。					

　　请你将今天所做的事情分类，哪些是为自己做，哪些是为别人做，然后用百分比以柱状图的形式记录下来。

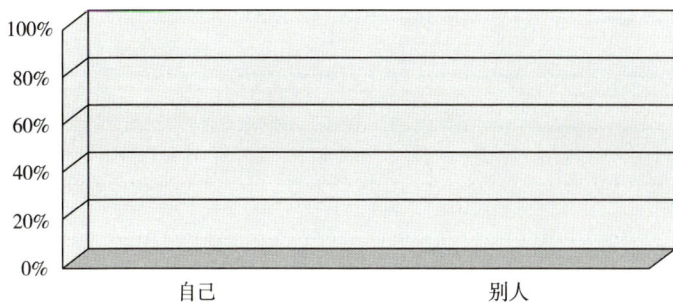

你在什么情况下会为别人而做事？

你在什么情况下会为自己而做事?

无我表二

时间	他们是谁	我今天做了什么	为谁而做				我的感觉
上午			☐	自己	☐	别人	
			☐	自己	☐	别人	
			☐	自己	☐	别人	
			☐	自己	☐	别人	
			☐	自己	☐	别人	
下午			☐	自己	☐	别人	
			☐	自己	☐	别人	
			☐	自己	☐	别人	
			☐	自己	☐	别人	
			☐	自己	☐	别人	

时间	他们是谁	我今天做了什么	为谁而做		我的感受
晚上			☐ 自己	☐ 别人	
			☐ 自己	☐ 别人	
			☐ 自己	☐ 别人	
			☐ 自己	☐ 别人	
			☐ 自己	☐ 别人	
总计：为自己做事＿＿＿＿次， 为别人做事＿＿＿＿次。					

请你将今天所做的事情分类，哪些是为自己做，哪些是为别人做，然后用百分比以柱状图的形式记录下来。

你在什么情况下会为别人而做事？

你在什么情况下会为自己而做事？

无我表三

时间	他们是谁	我今天做了什么	为谁而做				我的感受
上午			□	自己	□	别人	
			□	自己	□	别人	
			□	自己	□	别人	
			□	自己	□	别人	
			□	自己	□	别人	
下午			□	自己	□	别人	
			□	自己	□	别人	
			□	自己	□	别人	
			□	自己	□	别人	
			□	自己	□	别人	

时间	他们是谁	我今天做了什么	为谁而做		我的感受
晚上			☐ 自己	☐ 别人	
			☐ 自己	☐ 别人	
			☐ 自己	☐ 别人	
			☐ 自己	☐ 别人	
			☐ 自己	☐ 别人	

总计：为自己做事_____次，
为别人做事_____次。

请你将今天所做的事情分类，哪些是为自己做，哪些是为别人做，然后用百分比以柱状图的形式记录下来。

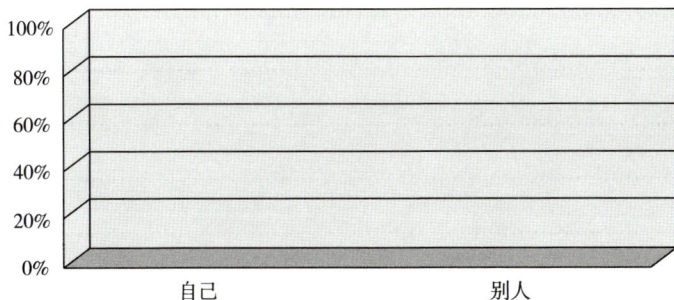

你在什么情况下会为别人而做事？

你在什么情况下会为自己而做事?

无我回顾

以上三天的练习中，当你为自己而做事时，你的感受如何？

....

....

....

....

....

....

....

....

....

....

当你为别人而做事时，你的感受如何？

你想永远拥有这份感觉吗？

□ 是

请详列原因：

....

....

....

....

....

....

....

□ 否

请详列原因：

....

....

....

....

....

....

....

请你列出永远拥有这份愉悦的详细计划。

实行时间（请你为自己定下一个开始时间）：

请你谨记这份感受，每当你开始质疑为何要为别人而做事时，回想一下这份感受。它能让你再次拥有动力，为别人而做事。

进度检视

恭喜你，你已经完成了"无我"部分的练习，现在，请你检视以下有关"无我"学习目标的达成度情况（请选出符合你的情况的选项，并用圆圈圈出）。

1.付出时不计较自己的得失。

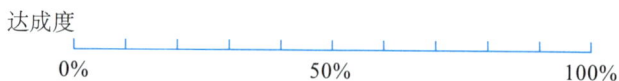

达成度

0%   50%   100%

2.为别人而做事。

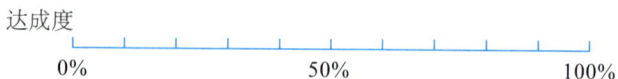

达成度

0%   50%   100%

3.因为自己重要而付出。

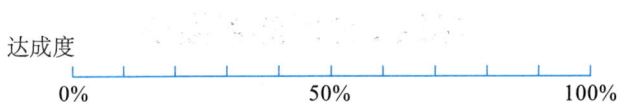

达成度

0%　　　　　　　50%　　　　　　　100%

注意！别忘了返回本阶段的"第一次检视"（第124页）
部分，完成你的检视。

04 总结：付出的多面性

ℓℓℓℓℓ

恭喜你，相信你已经完成了付出练习。接下来这个练习将会帮助你对整个付出练习做一个回顾，并了解自己与接受者的感受。

付出的人内心充满喜悦，你付出时有没有喜悦的感觉呢？试着回忆在过去一个月内，在家庭、朋友、同事三个范畴中，你为别人所做的付出。请你写出以往付出的事件，这些事件将可检视你付出时的心态。

范畴	付出的事件
家庭	（例如：做家务）
朋友	
同事	

以上付出的事件中，哪些让你感到喜悦？

哪些付出让你与对方都感到喜悦？

付出是双方都有喜悦感，如果你付出时并没有喜悦的感觉，又或者受助者并没有喜悦的感觉，你所做的便不是付出，而是索取。付出的焦点不在于别人，而在于你，如果以自己的焦点作为付出的基础，就是索取。

如果要你再做一次以上的付出，你会如何做？请完成下表，记住：做的时候要留意自己的心态，注意付出的出发点在别人，不在自己。

范畴	付出的事件	再做一次你会如何做？
家庭	（例如：做家务）	
朋友		
同事		

在帮助他人时，你的感悟是什么？

例如：我体会到付出不一定要有回报。

在帮助他人时，你的感受如何？

例如：我在付出时也感受到了喜悦。

在帮助别人时，受助者的反应如何呢？

例如：受助者感到喜悦。

感受付出的力量

这部分让你从别人的回馈中了解受助者的感受，帮助你与受助者了解付出的动机。请你在以上付出的经历中，找出一位受助者做以下访问。

当受助者被关心的时候，他有什么感受？

当他接受你的付出时，他认为你付出的原因是什么？

他认为你在付出时会有什么感受?

在你帮助那位受助者后，有没有增加他为其他人付出的动
机呢？为什么？

受助者的访问部分已经结束，请整理你与受助者的感受，
完成以下问题。

当你完成以上问卷后，总体来说，受助者有什么感受？

从以上问卷得知，你的付出可以起到感召作用吗？

例如：我可以增加受助者付出的动机。

综合你与受助者的感受，你有什么体会？

....

....

....

....

....

....

....

....

....

....

　　完成本效率手册后，相信你已经了解到什么是付出，明白自己与别人在付出时的感受。希望你在未来可以继续以付出的心态处世，这将使世界更和谐。

第三部分

总结补充

在你完成本练习后，你可能在工作及生活中取得了很多成就。然而当你用这种模式去支持他人，令他人也能像你一样发挥九点领导力时，他们同样也会面临一个心理调适的过程，教练能在心理调适过程中发挥巨大作用。实践付出能让你在支持别人时得心应手，从而令我们的社会、民族不断进步！

为支持你在教练过程中练习应用付出能力，请仔细阅读以下策略：

1. 确定问题。
   - 协助对方找出问题的核心。

2. 以自私、喜悦和无我找出行动中与模式有差异的地方。

  • 协助对方区分自私、喜悦和无我；

  • 付出就是无我的，一旦有我就是索取；

  • 付出就是喜见对方的进步；

  • 付出就是不计较自己的得失。

3. 厘清目标和方向。

  • 协助对方厘清对该问题的期望。

4. 列出差异所产生的后果。

  • 协助对方找出在对问题的期望与行为间的差异所造成的后果。

5. 找出不同的处理方式。

  • 协助对方列举不同的可能性。

6. 为自己做选择。

  • 让对方做选择。

请用一周的时间在日常生活中找出一项案例练习：

1. 确定问题：

2. 以自私、喜悦和无我找出与模式有差异的地方：

3. 厘清目标和方向：

4. 列出差异所产生的后果：

5. 找出不同的处理方式：

6. 为自己做选择：

下面是关于目标设定的 SMART 系统的详细介绍。

Specific	明确的
Measurable	可测量的
Attainable	可达到的
Relevant	相关联的
Trackable	可检视的

Specific 明确的

目标是清晰明确的。直接、具体、清晰地说明什么时间做什么事，不仅自己清晰明了，也要让别人一看就清晰明了。制定目标时不能用相对的时间或数量，如"15 天内"或"增加 30 万元"等，而要用具体的、绝对的时间或数量，例如"在今年 12 月 31 日，公司营业额达到 100 万美元"。

Measurable 可测量的

目标可以被自己或他人测量。当目标明确的时候，即用具体的、绝对的日期或数量时，目标便可以被测量。例如用了多少时间，做到多少数量等，非常清晰。若目标用形容词或程度副词来设定，如"在最快的时间内做到最好"等，每个人对"最快"和"最好"的标准都不同，是很难衡量的。

Attainable 可达到的

这里有两层意思。目标是有可能在设定的时间内做到的，具有实际操作意义，而不是一厢情愿的愿望、振奋人心的口号。如果目标不切实际，并不可行，不仅流于形式，还会对自己构成压力，影响自信心，如"我要在某年某月某日前带领我的团队做到整个部门的总营业额的50%"等。设定目标时要充分考虑是否有切实可行的锻炼步骤，是否有可能做到。第二层意思是目标须付出努力才能做到，而不是按照常规做法就能做到。例如以一伸手就能摘到的果子作为目标不是很有意义，把需要用尽全力跳起来才能摘到的果子作为目标才有意义。假如平时的业绩已经达到每月100万元，目标还是设定为每月100万元就没有意义，应该将通过各种努力把业绩做到"每月200万元"设为目标，这样的设定才有意义。

Relevant 相关联的

这里也有两层意思。第一，目标与行动计划是相关联的，行动计划是围绕目标来制订的。如目标是关于提升领导力，而行动计划却是关于公司业绩的，两者便没有直接关联。第二，目标和整体方向必须是相关联的、一致的。如大目标是："我在某年某月某日（6个月内）体重减至80公斤"，而行动计划却只是关于公司业绩的提升，没有关于减肥的，那就没有直接的关联。又或者行动计划中只有两个月的计划是关于减肥的，倒不如把大目标就设定为两个月。当然，你的大目标中可以有几个不同方面的小目标，上述提及的只是目标和行动是否有联系或一致。

Trackable 可检视的

目标与行动计划在不同的阶段，要根据行动计划的特征定下检视点。当你觉得自己偏离了方向时，或想调整前进的速度，甚至有新的体验和发现时，可以修正行动计划。如"到某月某日（一个月内）体重减至70公斤"，并不是要到一个月结束时才去称体重，你可以天天称，也可以一周称一次。在行动计划中应该设下明确的检视点。

参考文献

03

［1］SMITH E R，MACKIE D M. *Social Psychology* 2nd ed. [M]. Philadelphia：Psychology Press，2000.

［2］E. 弗洛姆. 爱的艺术 [M]. 孟祥森，译. 中国台北：志文出版社，1997.

［3］[美] 理查德·格里格，菲利普·津巴多. 心理学与生活（第16版）[M]. 王垒，王甦，等，译. 北京：人民邮电出版社，2003.

［4］申荷永. 荣格与分析心理学 [M]. 广州：广东高等教育出版社，2004.

［5］中国就业培训技术指导中心，中国心理卫生协会. 国家职业资格培训教程心理咨询师 [M]. 北京：民族出版社，2005.

［6］黄荣华，梁立邦. 人本教练模式 [M]. 北京：北京联合出版公司，2017.